鸟类王国

NIAOLEI WANGGUO

九色麓 主编

二十一世纪出版社集团
21st Century Publishing Group
全国百佳出版社

目录

第七章　善于奔跑的鸟类

第八章　大自然的歌手

第九章　身怀绝技的高手

第一章

走进鸟儿的天堂

自古以来，人们就向往能像鸟儿一样在蓝天上自由飞翔。据记载，我国在1900多年前就有人制作翅膀尝试过飞行，尽管以后人们又进行了不计其数的实验，但都未能成功。鸟儿究竟是什么样的可爱精灵？它们又是如何飞翔的呢？

鸟类

飞行之谜

在天空中自由飞翔，一直是人类最古老、最美好的愿望之一。因此，人们对鸟类的飞行既向往又困惑。你知道鸟类为什么能够飞翔吗？这当然和鸟类自身的结构紧密相关。

飞行的方式

翱翔飞行：信天翁起飞后不久，不必扇动翅膀，也能在高空长时间飞行，因为它们借助了上升气流。

滑翔飞行：燕子振翅飞到一定高度后，开始向下滑翔，在空中掠过。

鼓翼飞行：大雁飞行时会有节奏地扇动翅膀，像划龙舟一样向前飞行。

不能飞行的鸟
并不是所有的鸟都可以飞行。有些鸟可以在地面上找到充足的食物，加上天敌也不多，它们就逐渐放弃了空中的生活。慢慢地，它们的翅膀退化了，于是再也飞不起来了。
鸵鸟的翅膀已经退化，不能飞翔。
几维鸟的翅膀已经完全退化。
企鹅也是翅膀退化的鸟，它的双翅又窄又短，起着鱼鳍的作用。

陆禽的飞行
有的鸟虽然可以飞，但飞行的距离并不远，我们熟悉的家鸡就属这类。家鸡双翅短小，不能远飞。陆禽类都有这样的特征。
家鸡、家鹅被人类饲养久了，逐渐失去了飞行的本领。

呼吸系统

鸟类的呼吸系统主要由肺和气囊组成，因此它们能够进行双重呼吸。鸟类在静止时，用肺呼吸；在飞行时，则需要借助体内的气囊。空气通过肺部后进入气囊，然后气囊收缩，空气又通过肺部排出。就这样，空气两次流经肺部，大大提升了氧气的利用率。这样的呼吸方式为鸟类高飞提供了保障。

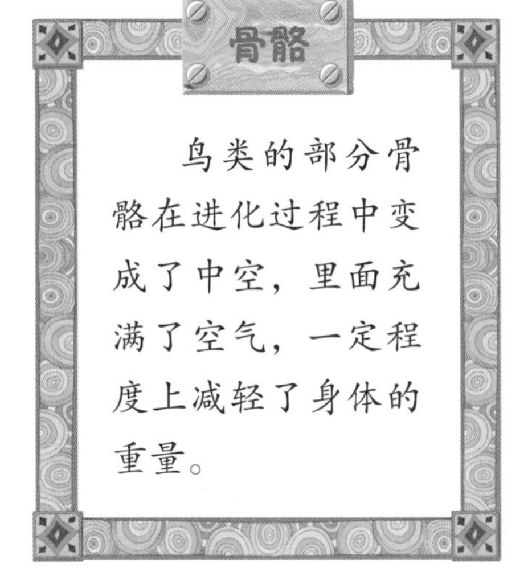

骨骼

鸟类的部分骨骼在进化过程中变成了中空，里面充满了空气，一定程度上减轻了身体的重量。

消化系统

鸟类的消化能力很强，但消化通道很短，这样就减少了食物在体内停留的时间，从而减轻了身体重量。这种独特的身体构造有利于鸟类的飞翔。

羽毛

羽毛不仅有保温、防水的作用，还能使鸟类的外形形成流线型。这样，鸟类在空中飞行时受到的阻力就会变小。

鸟类的视力

飞行的眼睛

人们常常把鸟的眼睛叫做“飞行的眼睛”，这是有道理的。展翅翱翔于两三千米高空的雄鹰，一下子便能发现地面上的小兔子；潜入水中的鸬鹚，能看清快速游动的小鱼……在所有的动物中，鸟类的视力是首屈一指的。

眼睛很大

所有的鸟类都有一双明亮的大眼睛。虽然鸟眼看上去小如豆粒，但实际上它们的眼球很大，两只眼球的重量加起来，往往比脑子还重。如鸵鸟每只眼球的直径有 50 毫米，比人的两只眼睛加起来还要大。

眼睛灵活

鸟类的眼睛不仅大，而且非常灵活。它们的眼睛同时具有望远镜和放大镜的功能，既能望远，又能放大。这是因为连接鸟类眼球的肌肉，能很快地将眼球的晶状体拉成扁平状或挤成圆形，就像望远镜和放大镜调节焦距一样，使物体的形象变得十分清晰。

广阔的视野

鸟类的视力极佳，也是因为它们眼睛视网膜上的视觉细胞特别多。鸟类的目光敏锐，视野广阔，绝大多数鸟类的双眼都长在头部的两侧，因而使它们具有宽广的视野。

老鹰在高空中飞翔时，能清楚地看到地面上的猎物，就像戴着一副望远镜。
画眉连藏在树叶背面的昆虫卵都能找到。
鸵鸟的眼球非常大，甚至比大脑还大。

猫头鹰的眼睛长在同一个平面上，不过不要紧，猫头鹰的头能转动 270 度，大大弥补了这个缺陷。
山鹬（yù）的眼睛长在头部偏后的地方，视线范围极广。
鸟类中也有近视眼，几维鸟就是。幸好它们有敏锐的嗅觉，不愁找不到食物。

鸟类的交流

人类用话语来表达、交流自己的想法和感情，当然，有时候也会用肢体动作。那么鸟类呢？它们是怎么交流的呢？

鸟类的交流

鸟类交流的方式很多，有时用叫声，有时用肢体语言，有时用嘴敲打物体，有时用散发出来的气味。比如，天堂鸟和孔雀等多种鸟类在求爱时用的就是肢体语言，而在普通交流时是用叫声。

宣示领地

在树林中穿行时，你听见了鸟儿婉转的歌声吗？别以为它们是在欢迎你，相反，它们是在对你这种“恶意践踏领土”的行为进行“谴责”呢！

当一只画眉鸟闯入另外一只画眉鸟的领地时，领主就会对入侵的画眉鸟发出警告的鸣叫，要求它赶快离开。

啄木鸟捉虫子时，只发出非常短暂的“嗒嗒”声。但是，如果你走进树林中，就可能听见一长串“笃、笃、笃……”的声音，这其实就是它在谴责你这个侵略者。

母鸡带小鸡外出觅食时，常常咯咯直叫，这样小鸡就不会走丢了。
雄孔雀开屏是为了向雌孔雀示爱，或者向另一只雄孔雀示威，表示“这是我的领地”。

雏鸟在饥饿的时候会伸长脖子叫，这是在告诉爸爸妈妈它们饿了。
猫头鹰把羽毛抖开，让自己看起来更大，以此吓走敌人。
家鹅看见陌生人进家门时，会狂叫不止，甚至伸长脖子去攻击陌生人。

鸟类的

嘴和脚

像人类一样，鸟儿每天也在忙碌，它们在忙着寻找食物，而嘴和脚就是它们最好的工具。因为喜欢的食物各有不同，所以它们的嘴和脚有各种各样的形状。

秃鹫坚硬的嘴带钩，有利于撕咬猎物。
松鸡和乌鸦的嘴像把尖尖的锥子，可以用来啄食谷物。
老鹰的爪子和嘴都很锋利，且呈钩状。老鹰轻松一扑，猎物就只能束手就擒。
鹈鹕喜欢吃鱼，它的脚上长了像桨一样的蹼，嘴下面还有个大袋子，像渔网一样，轻松一捞，鱼儿就被捕上来了。
蜂鸟专门吸食花蜜，所以它的嘴又长又细，像一根长长的吸管，方便插入花蕊。

鸟类的
迁徙
每到秋天，天气转凉，就会有一些鸟儿向温暖的地方飞去。这些往返于繁殖地和避寒地之间的鸟儿被称为“候鸟”。
北极燕鸥是飞行高手。每年夏天它们在北极圈附近繁殖，天气转凉后它们又会飞到南极过冬。
鸽子的认路本领很强，在古代，它们可是非常“敬业”的“空中邮差”。
乌鸦冬季向城市中心区域聚集，夏季则会分散到郊区或山区。

红脚隼（sǔn）在西伯利亚、蒙古等北方区域繁殖，秋天时它们会飞到很远的南方乃至非洲过冬。
到了夏天，白鹡（jí）鸰会从海拔低的地方飞到海拔高的地方，它们是短途旅行家。

第二章

天空中的强者

有些鸟儿，生来就是天空中的王者，它们拥有强壮的体格，高超的飞行能力，锐利的视力。当它们从空中掠过时，地面上的小动物落荒而逃。它们时刻在天空盘旋，因为那里才是它们的舞台。

天空中的王者：金雕

小档案

金雕凭着它那巨大的身躯和高超的飞行能力成为了天空中的王者。体长可达 1 米，翅膀展开可超过 2 米。身上的羽毛大多呈棕褐色。

活动区域

金雕一般生活在多山地区或丘陵地区，特别是山谷的峭壁上。在北半球会经常看到它的身影。金雕喜欢捕食雁鸭、雉鸡等鸟类和小型兽类，是一种异常凶猛的鸟。

捕食利器

金雕像老虎、狮子一样，脚趾上长着又长又粗的利爪。当它抓捕猎物时，利爪如利刃一般刺进猎物的要害部位，撕裂它们的皮肉、扯破它们的血管，甚至扭断它们的脖子。巨大的翅膀也是金雕强有力的武器，有时它一个翅膀扇过去，就可以将猎物击倒。

负重能力不足

金雕的运载能力较差，负重能力还不到1千克。在捕到较大的猎物时，它只能在地面上就地将其肢解，先吃掉猎物身上的好肉和心、肝、肺等内脏部分，然后再将剩余部分分成两半，分批带回栖宿的地方。

与狼搏斗

经过训练，金雕可以在草原上长距离地追逐狼。当狼感到疲惫之时，金雕会一爪抓住它的脖颈，一爪抓住它的眼睛，让狼丧失反抗能力。

残酷的生存法则

自然界“物竞天择，适者生存”的生存法则十分残酷。如果食物不足，先孵出的较大的小金雕常常啄击后孵出来的较小的小金雕，并将啄下的羽毛吞食。要是长期缺食，较大的小金雕会把较小的小金雕啄得全身是血，甚至啄死并吃掉。

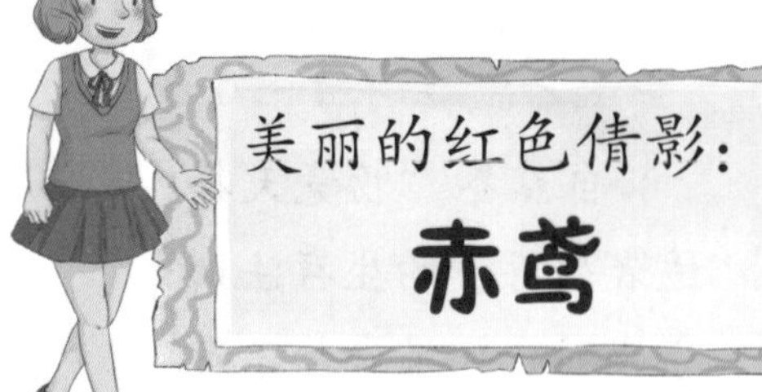

美丽的红色倩影：赤鸢

小档案

在广阔的北半球偏北地区，你经常会看到一个红色的身影掠过天空，那就是赤鸢（yuān）。因为身披红褐色的羽毛，它才得了“赤鸢”这个美名。赤鸢身体长约半米，双翅展开后约 1.6 米。

活动区域

目前，赤鸢只分布在欧洲，少量流浪至非洲北部。它喜欢在阔叶林地、峡谷、湿地边缘生活，是中等猛禽，以捕捉小型哺乳动物为食，如田鼠、兔子等，偶尔也会吃鸟类。

美丽的猛禽

赤鸢被认为是欧洲最漂亮的猛禽，头部具有白色的纵条纹和红棕色的羽毛，羽毛还夹杂着灰色、栗色、红色等颜色，羽毛层层叠叠，就像鱼鳞一样漂亮。飞行的时候，赤鸢的尾巴还能呈现出燕尾的形状。

忙碌的父母与好斗的孩子

小赤鸢出生后，赤鸢父母会外出捕食。小赤鸢的食量真是太大了，即便赤鸢父母从早到晚忙忙碌碌地寻找食物，小赤鸢还是经常吃不饱，这时候，抢食行为就会在饥肠辘辘的小赤鸢中发生。它们抢食互不相让，比较强壮的小赤鸢总是占上风。

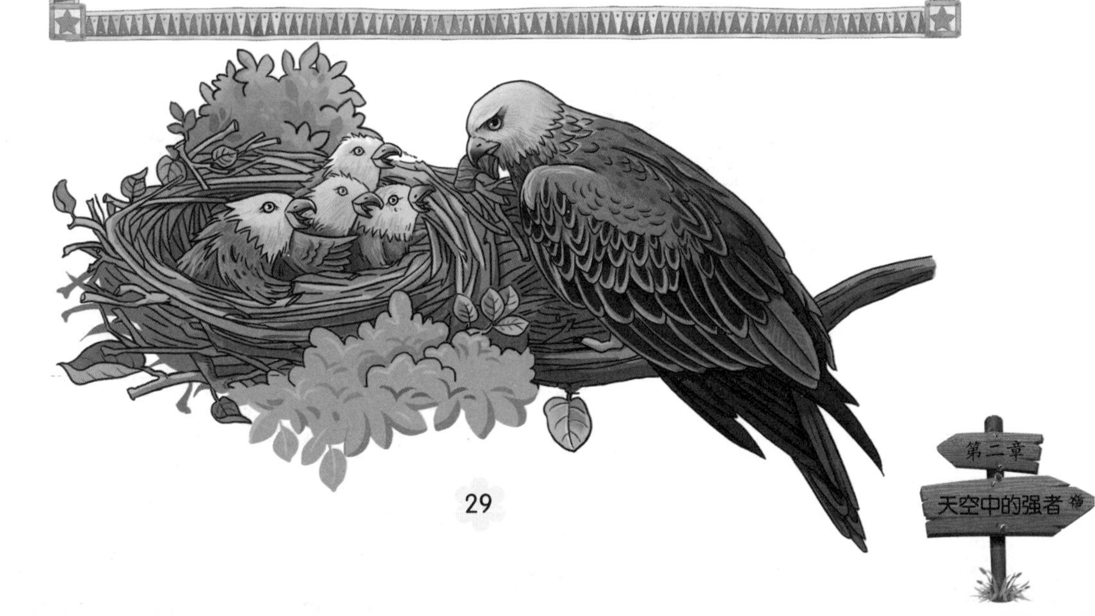

飞行方式

和其他鸢类一样，赤鸢飞行的节奏很缓慢，翅膀在空中划出各种轨迹，尾巴则起着方向舵的作用。不过，它们的飞行需要看天气，晴朗时就去外面溜一圈，阴天和雨天就在树上休息。

不拘一格选巢材

赤鸢和伴侣“互定终身”后，便会一起飞到中意的地方“安家立业”。

赤鸢的巢一般建在与草原接壤的林地中。这样既方便孵卵，又方便寻找食物。建巢时，它们会一起叼来很多小树枝、苔藓、纸条、兽毛和烂布头，甚至是附近人家晾衣绳上的衣服。

别具一格的鸟：秃鹫

小档案

秃鹫（jiù）是一种专门吃腐肉的大型猛禽。体长超过1米，翅膀展开可达2米。全身都是黑褐色，脖子以上裸露，很容易被人们辨认出来。

裸露的头部

从出生起，秃鹫的脖子及脑袋就没有羽毛，仅有一些黑褐色的绒羽。这是因为秃鹫以腐食为主，裸露的头能非常方便地伸进尸体的腹腔；秃鹫脖子的基部长了一圈比较长的羽毛，它像人就餐时的餐巾一样，可以防止食腐时弄脏身上的羽毛。

面部颜色的变化

秃鹫在争抢食物时，身体颜色会发生一些有趣的变化。平时，它们的面部是暗褐色的、脖子是铅蓝色的。当它在吃东西时，面部和脖子就会出现鲜艳的红色。这是在警告别人："别惹我，赶紧走！"

强大的嘴

秃鹫的嘴十分厉害，可以轻易地啄破和撕开坚韧的牛皮，拖出沉重的内脏。

分布范围

秃鹫一般生活在非洲西北部、欧洲南部、亚洲中部、南部和东部，冬季会飞往印度、泰国、缅甸等地。它们主要在低山丘陵和高山荒原与森林中的荒岩草地、山谷溪流和林缘地带生活，喜欢单独活动，偶尔也成小群出动。

谨慎又聪明

毫不夸张地说，秃鹫是一种既谨慎又聪明的大鸟，它们留意那些落单的动物，因为它们很可能已经受伤或已经死亡。

即使发现猎物，秃鹫也不会立即前去撕食，为了确保安全，它们长时间地盘旋在空中观察，甚至有时用上几天的时间。直到再三确认没有危险后，它们才会放心地落向地面。

有意蕴的渔夫：鹗

小档案

鹗（è）又叫“鱼鹰”，体形中等，长约60厘米。上身呈深褐色，下身大部分呈纯白色，最明显的特征是它有一条黑色的贯眼纹。除南美洲和南极洲外，全世界的江河海滨都有它的身影。

生活习性

鹗性情机警，叫声响亮，喜欢吃鱼，常单独或成对活动，迁徙期间常集成 3 至 5 只的小群。它们喜欢在水面缓慢地低空飞行，休息时喜欢停在水域边的枯树或电线杆上。

特别的巢

孵卵时，鹗会筑一个巨大的巢，巢主要由树枝、灌木枝、枯草等堆集而成，内铺以树皮、枯草、羽毛和碎纸。如果繁殖成功且没有其他动物干扰，它们会一直用这个巢，有的巢甚至会用 18 年。它们每年都会对巢进行修理，所以巢也越来越大。

鱼类的克星

鹗的外侧脚趾能向后反转，使 4 趾变成两前两后，加上脚底的粗糙突起，因而可以像钳子一样牢牢地抓住鱼儿的身体。有时鱼儿在深水中，鹗也会潜入水中捕捉它们。正因为鹗喜欢吃鱼且善于捕鱼，就成了自然界中名副其实的“渔夫”。

文化意蕴

鹗神态威猛、目光锐利，因此中国古人对它极为推崇，将四顾形容为“鹗视”或者“鹗顾”，把推荐贤人称为“鹗荐”。东汉著名文学家孔融写的《荐弥衡表》中还用“鸷鸟累百，不如一鹗”来形容弥衡出众的才华。

象征浪漫爱情

《诗经》云：“关关雎鸠，在河之洲。窈窕淑女，君子好逑。”其中象征爱情的“雎鸠”就是鹗。鹗的求偶方式别具一格。雄鸟在空中翱翔，爪子紧紧地抓着一条鱼或者一根骨头，一边吃力地飞行，一边摇晃着双脚，有时甚至向后倒着飞行，同时发出一种激昂的叫声。雌鸟则高声应和，与雄鸟一起上下翻飞。

夜间的幽灵：鸱鸮

名字的由来

鸱鸮科的鸟类常被称为“猫头鹰”，这是因为它们大多头骨宽大，腿较短，面盘圆形，像猫脸。但也有些面盘不显著的异类，看上去像鹰。

小档案

鸱鸮（chī xiāo）的嘴和爪弯曲呈钩状，羽毛呈褐色（绝大多数），面部羽毛呈放射状，双眼位于脑袋的正前方。

奇怪的鸱鸮

鸱鸮的脖子能转动 270 度。这是因为它的眼睛只能朝前看，如果想要察看两边的动静，就必须转动脖子。

由于鸱鸮大多数是夜行动物，因此听力特别好。它的头骨不对称，两只耳朵也不在同一水平上，但这更有利于它确定猎物的正确位置。

栖息之所

鸱鸮是世界上分布最广的鸟类之一，除了极少数地区外，各地都可以看到它的踪影。

鸱鸮是典型的森林鸟类，但也有一些种类栖息于草原、沙漠、沼泽、苔原、山地等地。

鸱鸮的窝有的筑在树洞里，有的筑在岩石缝中，有的筑在地面上，还有的筑在仙人掌中。

人类的误解

中国民间常把鸱鸮当作不祥之鸟，称为“逐魂鸟”“报丧鸟”。产生这种看法的原因可能是它们长相古怪，眼睛炯炯发光，使人感到惊恐，两耳直立，好像神话中的双角妖怪；又喜欢昼伏夜出，飞行时像幽灵一样飘忽无声，一闪而过。

可是，不管怎么说，这是一种误解。鸱鸮是鸟类中捕鼠能力最强的，有的鸱鸮每年可以吃掉成百上千只老鼠，相当于为人类保护了数吨粮食，可谓劳苦功高。

第三章

湿地里的精灵

很多人向往蓝天，想如鸟儿一般能在天空中自由翱翔。但是你可曾想过，天空并非所有鸟儿的天堂，有些鸟儿更喜欢在湿地生活，那儿才是它们的故乡。

湿地之神：丹顶鹤

天外飞鹤

和其他鹤类一样，丹顶鹤嘴长、颈长、腿长，体态优雅，活动起来宛如“天外飞仙”，所以又叫“仙鹤”。成年的丹顶鹤除了颈部和飞羽后端呈黑色外，全身洁白，颜色分明。

小档案

丹顶鹤又叫“仙鹤”，因为头顶“红肉冠”而得名。体态优雅修长，长约1.2米，是大型涉禽。生活在开阔的平原、沼泽、湖泊、海滩及近水滩涂，常被人冠以“湿地之神”的美称。

嘹亮的鸣叫

丹顶鹤的鸣叫声高亢、宏亮，这与它那特殊的发音器官有关。它的颈长，鸣管也很长，是人类气管长度的五六倍。鸣管末端卷成环状，盘曲于胸骨之间，就像西洋乐中的铜管乐器一样，发音时能引起强烈的共鸣，声音可以传到几千米以外。

鹤顶红与丹顶鹤

在小说中，鹤顶红是大名鼎鼎的毒物，触之即死。更传言，这种剧毒就是用丹顶鹤的“红肉冠”炼制而成。其实事实并非如此，丹顶鹤的肉冠是没有毒的，鹤顶红只是古人对砒霜的隐晦说法。砒霜的化学名称是“三氧化二砷”，在自然界中，三氧化二砷往往伴生有各种杂质，颜色和丹顶鹤的肉冠相似。

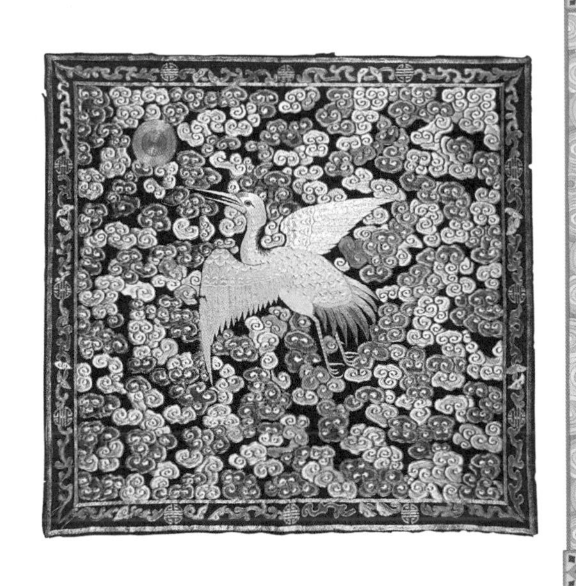

一等文禽

在中国历史上，丹顶鹤被公认为是一等文禽。明朝和清朝给丹顶鹤赋予了忠贞清正、品德高尚的文化内涵。一品文官的补服绣丹顶鹤，把它列为仅次于皇家专用的龙凤的重要标识，因而人们也称它为“一品鸟”。

长寿的象征

丹顶鹤喜欢生活在沼泽或浅水地带，与高山丘陵的松树毫无关系。在艺术作品中，会经常看到丹顶鹤“站”在松树上，如果从科学的观点来看，这是一个大笑话。但是从文化的角度来看，就另当别论了。别忘了，丹顶鹤和松树都是长寿的象征，因此中国常用“松鹤延年”来表示吉祥。

高原上的神鸟：黑颈鹤

小档案

黑颈鹤外表看上去和丹顶鹤很像，它们最大的区别在脖颈上。黑颈鹤的脖颈有三分之二呈黑色，脑袋上除了眼后和眼下方有一块白色或灰白色斑外，其余部分都是黑色的。

它们栖息于海拔 2500 米 ~ 5000 米的沼泽地、湖泊及河滩地带，是世界上唯一生长、繁殖在高原的鹤。

喜欢长途旅行

黑颈鹤喜欢飞行，每年都要做两次长途飞行。飞行时，它们大多按顺序排成“一”字纵队或“V”字队形前进。到达目的地后，黑颈鹤开始交配，并转为成对活动，或是觅食，或是伸颈低头，或是仰天长鸣，或是绕着大圈奔跑，好不快活。

濒临灭绝

黑颈鹤是藏族人民心目中的神圣大鸟，也是世界 15 种鹤中最晚被记录的一种。

作为在高寒草甸、沼泽栖息的鸟类，黑颈鹤与世无争。可是近年来由于人类的捕杀，再加上生存环境的恶化，黑颈鹤的数量急剧下降，已成为濒临灭绝的物种。

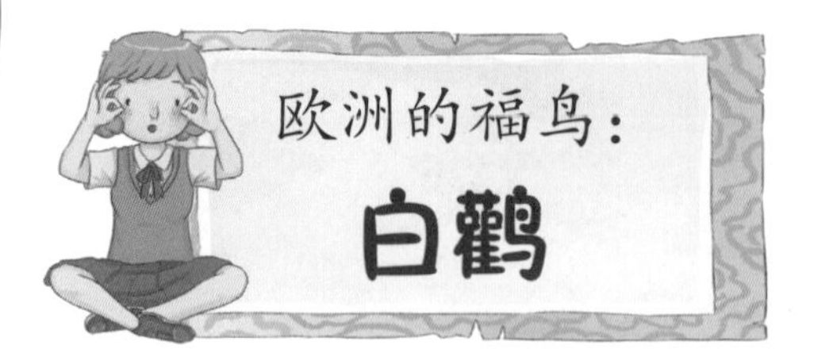

欧洲的福鸟：白鹳

小档案

白鹳（guàn）全身白色，只有翅膀上有黑色的羽毛，腿和嘴巴为红色。主要分布在欧洲、非洲西北部、亚洲西南部和非洲南部。

与鹤类的区别

乍一看，白鹳和鹤类没什么区别，可是白鹳的脖子在飞行时没鹤类那么直，而是呈“S”形。白鹳不能像鹤那样响亮地鸣叫，求偶的时候它会用嘴当快板，上下不停地敲击，发出“嗒嗒嗒”的响声。

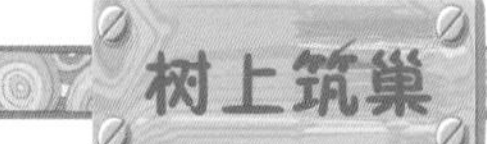

树上筑巢

白鹳常常将巢搭在树上，这又是它与鹤类的一大区别。造成这种差别的原因在于脚，白鹳的四趾在同一平面上，可以抓住树枝；而鹤的后趾高于前三趾，因而无法抓住树枝并在上面栖息。

长途的迁徙

白鹳是迁徙性鸟类，主要迁往热带非洲和印度次大陆一带越冬。在迁徙时，它们主要依靠上升的热气流进行高空滑翔运动，从而用很少的能量进行长距离飞行，因此它们要避开广阔的森林和水域。

欧洲的“福鸟”

白鹳是一种性情温和而又机警的鸟。欧洲的白鹳爱在人类的屋顶上筑巢，欧洲人非常喜爱白鹳，在他们眼里，谁家来了白鹳就被视为“福到了”。这是怎么回事呢?

这个说法源自很久以前的一个传说。传说当时欧洲发生了一次严重的蝗虫灾害，人们惊恐极了。这时候，鹳群以密集的行列包围了灾区，捕食蝗虫，直到把蝗虫消灭干净。从那以后，白鹳就受到了欧洲人的欢迎。

小档案

火烈鸟身高可达1.6米，体重可达3.5千克。嘴短而厚，上嘴中部突向下曲，下嘴较大成槽状；脖子又长又弯，身上的羽毛白而泛红，非常艳丽。

燃烧的火焰

火烈鸟的两条长腿悠然挺立，身穿白里透红的外衣，远远望去，周身红得就像一团火，两条腿更是红得像炽烈燃烧的火柱。

火烈鸟的天堂

火烈鸟的学名是“红鹳”，喜欢群居，一个部落少则几万只，多则几十万只。肯尼亚和坦桑尼亚的裂谷区是它们最大的栖息地，那里聚集了近百万只火烈鸟。位于赤道附近的纳库鲁湖，火烈鸟的数量更多，那里被称为“火烈鸟的天堂”。

不同种类的火烈鸟

火烈鸟的种类很多，比如大火烈鸟，它的体形最大，有着粉红色和白色的羽毛；美洲火烈鸟的羽毛几乎全为粉色；智利火烈鸟最明显的特征是腿是灰色的；安第斯火烈鸟是唯一拥有黄色足的火烈鸟；詹姆斯火烈鸟的颈背有深红色的斑纹；小火烈鸟与大火烈鸟相似，只是体形小一些。

单腿站立

火烈鸟每天都要花大量的时间来进食、整理羽毛、洗澡和睡觉。在睡觉时，它会用一条腿站立，将另一条腿蜷在肚子下面。火烈鸟常常朝着风吹来的方向站立，这样可以避免风雨穿透它的羽毛。火烈鸟还有一项绝活，那就是身体还能随风摆动。

全身通红之谜

肯尼亚裂谷区的湖泊大多是咸水湖，湖水中盐碱质沉积，湖里生长的一种螺旋藻正是火烈鸟赖以为生的主要食物。一只火烈鸟每天要吸食许多这种螺旋藻。这种螺旋藻中除含有大量的蛋白质外，还含有一种特殊的类胡萝卜素。火烈鸟浑身的粉红色就是这种特殊物质作用的结果。

鹬蚌相争的主角：

大杓鹬

小档案

大杓鹬（sháo yù）的体形较大，有60厘米长。羽毛通常是黑褐色的，尾巴和身体侧面还有横斑。嘴特别长而且向下弯曲，方便它们插入泥土中搜寻食物。夏天，它们飞到北方繁殖，到了冬天，它们就成群迁徙到大洋洲。

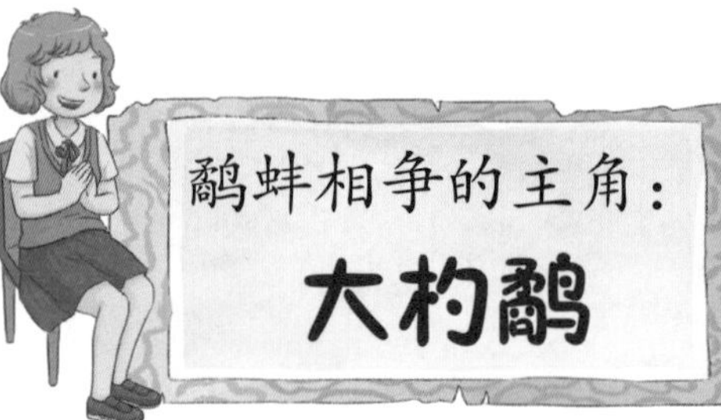

天生的羞涩性格

大杓鹬以软体动物、甲壳类动物为食，有时也吃鱼类。它们性格机警、羞涩，有时会长时间待在一个地方不动，活动时常常抬头伸颈张望，遇到危险立刻起飞，飞行起来十分迅速。如果受到惊扰，它们就会高声鸣叫。

濒危鸟类

大杓鹬对环境的要求比较高，但人类对生态环境破坏日益严重，使得大杓鹬的数量越来越少，成为了全球性濒危鸟类中的一员。

放牛的鸟儿：牛背鹭

小档案

牛背鹭体长约半米，翼展长近1米，头、颈和上胸是黄橙色的，看起来很漂亮。喜欢生活在平原草地、湖泊、水田、沼泽等地方。

放牛郎

在田间地头，你时常会见到牛背鹭栖息在牛背上的身影，远远看上去，就像个"放牛郎"。它可以帮牛啄掉身上的寄生虫。所以在它累了的时候，牛也不会拒绝它静静地待在自己的背上休息。

特别的口味

牛背鹭是目前世界上唯一不以鱼，而是以昆虫为主食的鹭类。它们与家畜，尤其是水牛形成了依附关系。牛背鹭常常跟随在水牛身后捕食从草中惊飞起的昆虫，也会在水牛背上歇息，帮水牛啄去皮毛中的寄生虫，也因此得名“牛背鹭”。

独特的长相

牛背鹭的长相比较独特，很容易识别出来。在夏天的时候，它的羽毛大多是乳白色的，头、脖子及前胸是橙黄色的，后背的蓑羽也是橙黄色的。到了冬天，它周身的羽毛都变成了白色，只保留头顶少数的橙黄色，漂亮极了。

生活习性

牛背鹭常常成对或组成三五只的小群活动，有时也单独活动。休息时，它喜欢站在树梢上，颈缩成“S”形。牛背鹭性情活泼温驯，不怎么怕人，活动时寂静无声。飞行时头缩到背上，颈向下突出像一个喉囊，飞行高度较低，通常成直线飞行。

急需保护

在中国，牛背鹭是比较常见的鸟类，在长江以南繁殖的种群多为留鸟，在长江以北繁殖的多为夏候鸟。以前，在中国长江以南，牛背鹭是相当常见的，但近来由于环境污染和环境条件的恶化，种群数量已明显减少。

第四章

水面上的舞者

有些鸟儿善于飞翔，一生中的大部分时间都是在天空中度过。但有些鸟儿更善于游泳，它们的生命与水结下了不解之缘——它们是水面上的舞者！

传书的鸟儿：大雁

小档案

大雁是雁属鸟类的统称，共同的特点是身披褐色、灰色或者白色的羽毛，上面还有斑纹，嘴巴又宽又厚。颈部较粗短，翅膀长而尖。

团队感很强

大雁是团队感很强的动物，喜欢成群结队地居住在水边。它们经常排好队形飞过天空，并会发出“嘎嘎”的叫声。它们的叫声洪亮清晰，能够起到鼓励等信息交流的作用。

南来北往的大雁

大雁是出色的空中旅行家。每到秋冬季节，它们就从西伯利亚成群结队、浩浩荡荡地飞到中国南方过冬，第二年春天又经过长途旅行，回到西伯利亚产卵繁殖。来回几千公里的漫长旅途得花费一两个月时间，但是它们很有毅力，不管途中有多艰难，南来北往，从不间断。

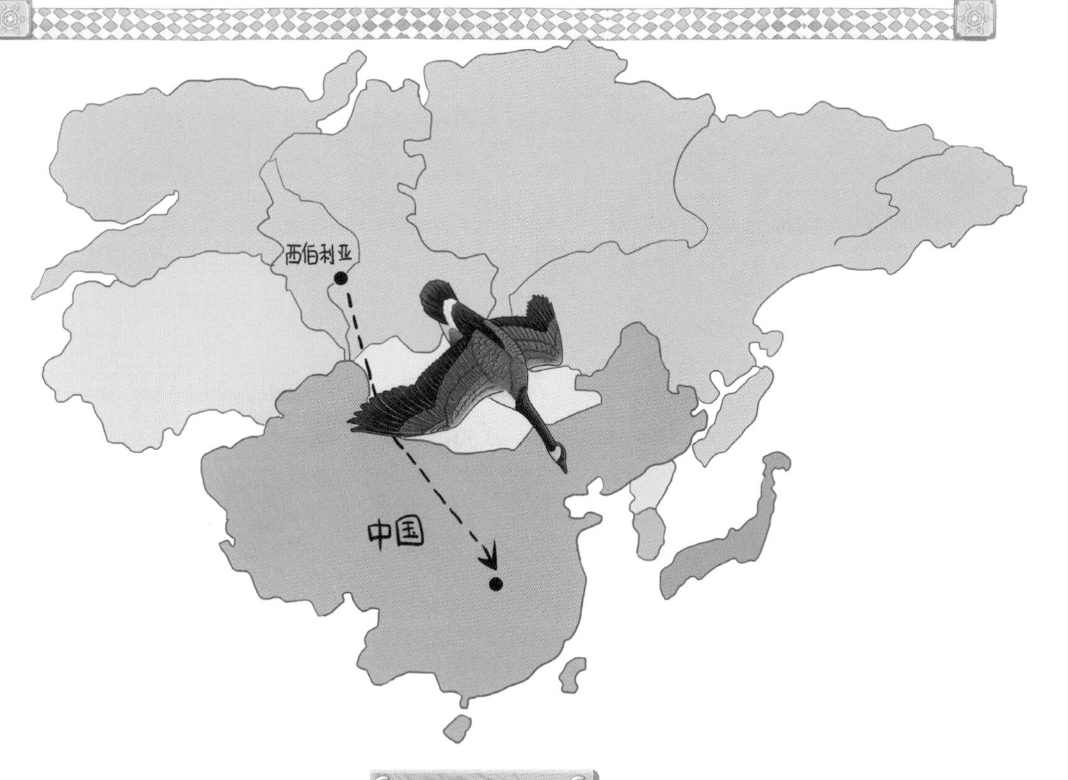

生活习性

大雁主要栖息于开阔平原和平原草地上的湖泊、水塘、河流、沼泽及其附近地区。它们喜欢成群结队地活动，特别是迁徙季节，常集成数十、数百、甚至上千只的大群。大雁主要以各种草本植物的叶、芽为食，也吃少量的甲壳动物和软体动物。

鸿雁传书

鸿雁是书信的代称，这是为什么？汉朝时，苏武被匈奴扣押十多年。后来，一名汉使对匈奴单于说：汉朝皇帝打猎射得一雁，雁足绑有书信，上面写了苏武的境遇。单于听后，只好让苏武回汉。后来，人们就用“鸿雁”比喻书信和传递书信的人。

有规律的雁阵

迁徙的时候，大雁会组成“雁阵”飞行，雁阵由有经验的“头雁”带领。加速飞行时，队伍排成“人”字形，一旦减速，队伍又由“人”字形换成“一”字形。这是为了进行长途迁徙而采取的有效措施。

当飞在前面的“头雁”翅膀在空中划过时，翅膀尖上就会产生一股微弱的上升气流，排在它后面的大雁就可以依次利用这股气流，从而节省体力。

潜水高手：潜鸟

小档案

潜鸟走起路来显得步履蹒跚，背部呈黑色或灰色，腹部呈白色，还有一个坚硬的嘴。体形较大，体重可达 4 千克。

潜水健将

潜鸟能在水中游很长一段距离，是名副其实的潜水健将，这是因为它的腿很粗壮，脚趾上还有很大的蹼。

潜鸟还是敏捷的水下猎手。灰黑色的背部使它能与水下环境巧妙地融合在一起，方便它轻易地靠近目标。

潜鸟宝宝

潜鸟的孩子十分了不起，在潜鸟爸妈的轮流呵护下，它们约一个月就会破壳而出，不久便能跟着潜鸟爸妈下水。不过，从它们出生到下水的这段时间是一生中最危险的时候，它们必须安安静静地伏在窝里，在茂密的水生植物的庇护下等待爸妈的回来。潜鸟爸妈也不敢离开太远，怕孩子遇上可怕的敌人。

冰雪精灵：企鹅

小档案

企鹅主要生活在南极。背部呈黑色或灰色，腹部是白色的，腿和尾巴较短，翅膀已经退化成鳍状。

虽然企鹅是鸟类，但是它们不能飞翔。它们的兄弟姐妹很多，主要区别在于它们头部的色彩和身体的大小。

水中健将

企鹅的身体呈流线型，非常适合游泳，那双已经退化成鳍状的翅膀，成了一双强有力的“划桨”。它的游泳速度可达每小时 30 千米，一天可游 160 千米。

企鹅还能跳出水面，虽然没有水上芭蕾运动员那样优美，但呆笨的样子也足以让人开怀大笑。

雪地的绅士

企鹅能在零下 60℃的严寒中生活、繁殖。在陆地上，它就像一位身穿燕尾服的绅士，走起路来，一摇一摆。可一旦遇到危险，它就会迅速卧倒，在雪地上滑行，狼狈不堪。

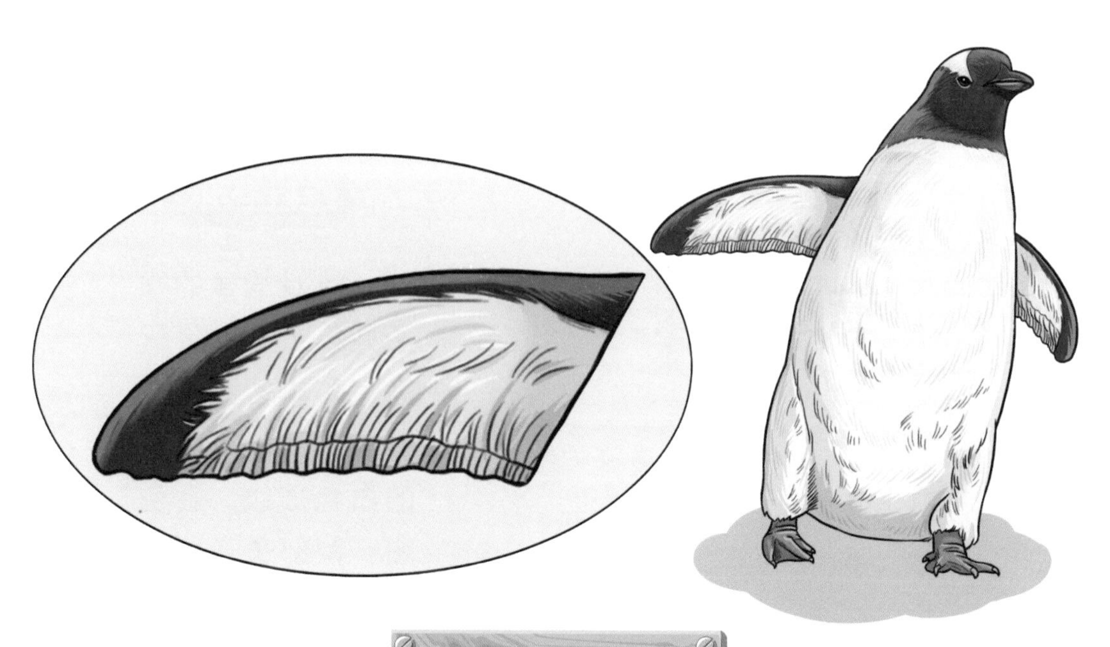

企鹅的防寒毛皮

企鹅生活在极地，但一点都不怕冷，这是为什么？首先，它有一层又短又密的羽毛，既能防止冷空气侵入，又能阻止热量散失。其次，它的绒毛还能吸收、储存红外线的能量，用来维持体温。最后，它身上的脂肪厚达两三厘米。所以，完全不用担心它在冰天雪地中不能自由自在地生活。

不怕人的笨鸟

企鹅看起来气度不凡，显得有点高傲，甚至盛气凌人，但是当人们靠近它时，它也不会望人而逃，有时好像若无其事，有时好像羞羞答答，有时又东张西望，交头接耳，唧唧喳喳。

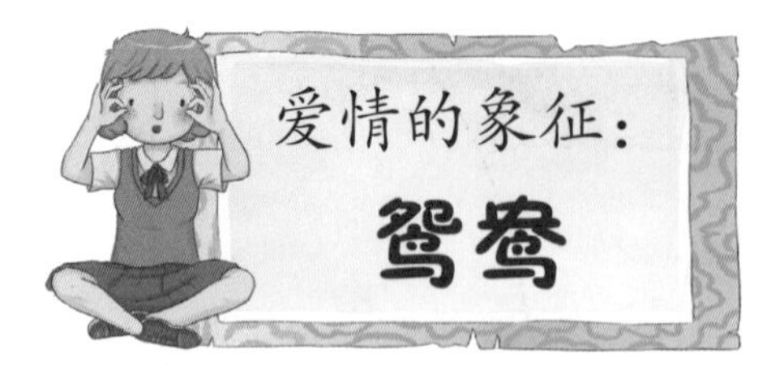

爱情的象征：鸳鸯

小档案

鸳鸯的模样像鸭子，雄鸟有着华丽的羽毛。经常成对地活动,形影不离，在人们眼里，鸳鸯成了爱情的象征。

雌雄各异

雌雄鸳鸯的样子并不一样：雄鸳鸯色彩丰富，外表极为艳丽，有醒目的白色眉纹、金色颈、背部长羽以及拢翼后可直立的独特的棕黄色炫耀性“帆状饰羽”；雌鸟颜色单一，全身呈苍褐色。

生活习性

在中国，鸳鸯在东北和华北繁殖，在长江流域以南的福建、台湾、广东、云南等地越冬。

鸳鸯生性机警，极善隐蔽，飞行的本领也很强。在饱餐之后，返回栖居之处时，常常先有一对鸳鸯在栖居地的上空盘旋侦察，确认没有危险后才招呼大群一起落下歇息。

寓意的演化

中国古代，鸳鸯最早是用来形容兄弟之情的。《文选》中有“昔为鸳和鸯，今为参与商”，这是一首兄弟之间赠别的诗。

后来，人们就逐渐用鸳鸯来形容夫妻之情了。唐代诗人卢照邻在《长安古意》中写到：“愿做鸳鸯不羡仙。”此句就赞美了美好的爱情，以后一些文人竞相仿效。于是，鸳鸯就成了爱情的代名词。

事实并非如此

事实真如人们想象中的那样，鸳鸯真能“一夫一妻”相亲相爱一直到老吗？一旦结为“夫妻”，即便一方不幸死亡，另一方也不再寻找新的配偶，孤独凄凉地度过余生吗？其实这只是人类看到鸳鸯的亲昵举动后，通过联想产生的美好愿望罢了。事实上，鸳鸯在自然界中并非总是成双成对的，配偶也不是终生不变的。

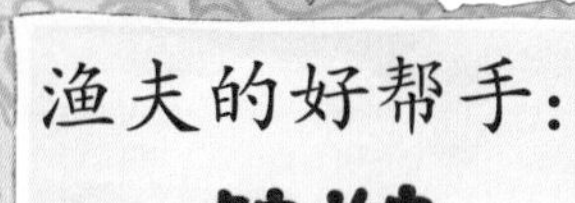

渔夫的好帮手：鸬鹚

小档案

鸬鹚虽然跟野鸭很相似，但它的身体比野鸭狭长，体羽是黑色，有紫色的金属光泽。此外，鸬鹚的足蹼是四趾相连的全蹼足，这在鸟类中很少见。当然，鸬鹚最让人称道的莫过于它那高超的捕鱼本领。

为捕鱼而生

鸬鹚擅长潜水捕鱼，一张长而带钩的嘴似乎就是为捕鱼而生的。鸬鹚掠过水面，瞄准目标，脑袋扎入水里。在混浊的水中，它通常会偷偷靠近猎物，瞄准时机突然伸长脖子，用嘴对猎物发出致命的一击。

捕鱼好帮手

鸬鹚有一个特点，捕来的鱼一定要浮出水面后才吞咽。这一点被人类利用起来，让鸬鹚替人们捕鱼。

为了防止鸬鹚将鱼吞下去，人们会在鸬鹚的脖子上套一个皮圈。捕到鱼后，鸬鹚跳回渔船，这时，由于脖子被皮圈卡住，鱼吞不下去，人们就能成功地捕捉到鱼了。

优雅的化身：天鹅

飞得更高

虽然天鹅个头较大，但它的飞行本领让人惊叹。有些天鹅能飞越珠穆朗玛峰，是飞得最高的鸟类之一。

小档案

天鹅是游禽中体形最大的种类，最大的体长可超过1.5米。有丰满的身体、长长的脖子、优雅的身姿，这把其他的游禽都比下去了。除非洲、南极洲之外，世界各大陆都有分布。

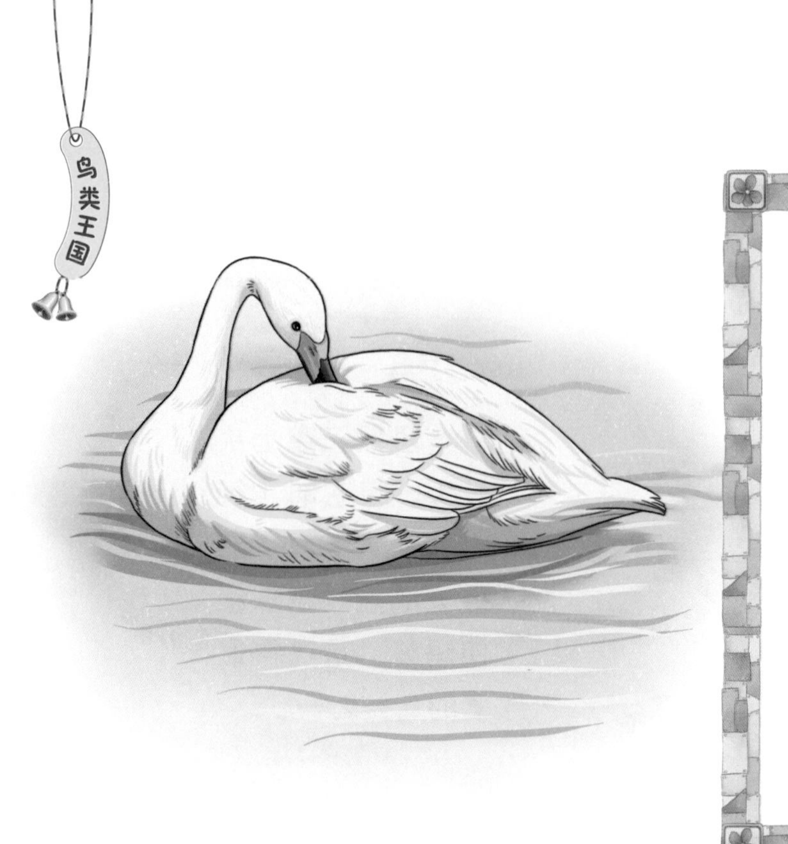

泊水而眠

天鹅善于游泳，也能在地面上行走。它最大的特点就是没有固定的家，除了繁殖期间需要筑巢外，天鹅平时四处飘荡。晚上睡觉时，天鹅会选择在安全的湖面，弯曲着脖子，把头夹在翅膀里泊水而眠。

相亲相爱

天鹅是“一夫一妻制”,“夫妻”常会一起觅食、休息和戏水，在迁徙的途中也会互相照应，从不分离。天鹅夫妻一生都会守护着对方，如果一方不幸死去，另一方便会在伴侣的尸体上空久久盘旋，发出悲伤的鸣叫，不肯离去。此后，这只天鹅将独自生活，一直孤独终老。

临水而居

天鹅以水生植物的根、叶、茎、种子为食，它的居所不仅要求水位稳定，周围还要有高杆的植物，还要有大片的明水区。天鹅喜欢将巢建在僻静的湖边、沼泽地附近，或是远离岸边而水流又平缓的浅水区，因为这样可以远离天敌。

黑天鹅

以前，人们一直以为天鹅是白色的，认为它们是圣洁的象征。

但是，自从在澳大利亚发现黑天鹅之后，这打破了人们长久以来的认识。黑天鹅浑身都是卷曲的黑褐色羽毛，嘴巴是红色的。澳大利亚珀斯又有“黑天鹅的故乡”之称。

第五章

林间跳跃的精灵

它们在林间穿梭，在枝头跳跃，用有力的爪子攀缘着树木，有时在寻找着猎物，有时在仰望着蓝天，它们是林间最美丽的精灵！

捕鱼高手：翠鸟

名字来由

翠鸟因其身上的羽毛翠蓝翠蓝的，鲜艳夺目而得名；又因其喜欢在水边生活，专捕鱼虾，于是又有“鱼虎”“鱼狗”之称。

小档案

翠鸟体形较小，和麻雀差不多大。脑袋呈蓝黑色，背部是翠蓝色的，腹部是栗棕色的，嘴和脚均呈赤红色。主要分布在欧亚大陆和非洲北部。

生性机警

翠鸟生性机警，喜爱孤独，平时独自栖在近水处，伺机猎食，食物以小鱼为主，兼吃甲壳类和多种水生昆虫及其幼虫，也啄食小型蛙类和少量水生植物。

特殊的眼睛

翠鸟在捕食时，一头扎入水中，在水中不仅不用闭眼，还能迅速调整因为水折射造成的视角差，保持极佳的视力，所以它们捕猎几乎百发百中。

生活习性

翠鸟生活在开阔郊野的淡水湖泊、溪流、运河、鱼塘及红树林。它喜欢长时间站在近水处的树枝或岩石上耐心观察，如果发现小鱼浮至水面，就俯冲到水面用尖嘴将鱼捕获，飞到树上或岩石上吞食。

繁殖方式

翠鸟能用粗壮的大嘴在土崖壁上穿穴为巢，也营巢于田野堤坝的隧道中，洞底一般不加铺垫物，卵直接产在巢穴地上。每窝产卵 6 ~ 7 枚。卵色纯白，辉亮，稍具斑点，每年 1 ~ 2 窝；孵化期约 21 天，雌雄共同孵卵，由雌鸟喂雏。

悲愁的象征：
杜鹃

独特的繁殖方式

每到春夏之时，杜鹃开始产卵，但是它不会自己筑巢，而是找到画眉、苇莺等鸟儿的巢穴，然后在里面产下自己的卵。为了不让那些鸟儿发现，杜鹃还会带走巢里原有的卵。

小档案

杜鹃又叫“布谷鸟”，体形、颜色不一，大多为灰黑色，尾巴较长，有的尾巴特别长且有白色斑点点缀，腹部有黑色横纹。喙粗壮结实，有点向下弯曲。喜欢生活在树林，爱吃毛虫，是有名的益鸟。

真假难分

杜鹃的体形比一些小鸟大得多，可是它产的蛋却很小，再加杜鹃蛋与巢主鸟的蛋在形状、色彩等方面又惊人的相似，所以就可以鱼目混珠，其他小鸟也就难辨真假了。杜鹃蛋虽然小，发育却很快，往往会比巢主鸟的蛋早孵化或者同时孵化出来。

森林卫士

杜鹃虽然育雏习性不好，但它是著名的嗜食松树大敌松毛虫的鸟类。松毛虫是许多鸟类不喜欢吃的害虫，而杜鹃却偏喜欢其美味。有人观察过，一只杜鹃每小时能捕食100多条毛虫。另外，杜鹃也食其他农林害虫，所以人们又称它是“森林卫士”。

美丽传说

传说，杜宇是蜀国的国君，生前依恋农事，死后还不忘他的臣民，每年春天都会变成杜鹃鸟，催促百姓们趁农时播种。鲍照诗曰：“中有一鸟名杜鹃，言是古时蜀地魂。声音哀苦鸣不息，羽毛憔悴似人髡。飞走树间啄虫蚁，岂忆往日天子尊？”

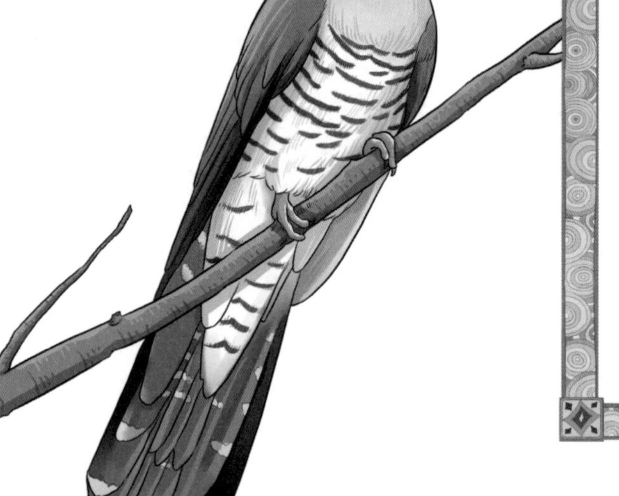

悲愁的象征

在春夏之际，四声杜鹃会彻夜不停地啼鸣，它那凄凉哀怨的悲啼，常激起人们的多种情思，加上杜鹃的口腔上皮和舌头都是红色的，古人误以为它“啼”得满嘴流血，因而引出许多关于“杜鹃啼血”、“啼血深怨”的传说和诗篇。

天空拥有者：雨燕

小档案

雨燕的羽毛大多呈黑色，翅膀长而脚很小。总是在空中不停地飞翔，也是飞行速度最快的鸟类之一。因为速度快，很多个头大的鸟类都无法抓到它，它也能够捕获大量的昆虫。除了两极和极少的地方之外，雨燕的踪影遍布全球。

最突出的特点

雨燕最突出的特点是腿很短、翅特别长。它可以不停息地在空中盘旋、飞翔，几乎从不落到地面或植被上。它在空中捕食、嬉戏，快速掠过水面时喝一两口水。渐渐地，它的翅膀变得长而有力，而它的腿也开始退化，变得又短又小。

生存绝技

虽然雨燕的脚很小，但力量很大，能很好地抓持在悬崖峭壁上。它血液中的血红蛋白含量很高，这使它在低氧条件下（即高空中）能够优化氧的输送。此外，雨燕的喙很短，力量相对较弱，但张嘴很大，这让它可以在飞行中轻松地捕捉飞虫。

睡觉也在空中

科学家通过从飞机、滑翔机以及雷达定期跟踪观测，发现雨燕在夜晚根本不去寻找巢穴，而是长时间逗留在空中。

惨遭人类掠夺的巢

雨燕筑巢很特别，先将细枝、苔藓或羽毛等材料衔来，用唾液黏合它们（有些种类完全用唾液筑巢）。其中，金丝燕筑的巢具有一定的营养价值，是“燕窝”的原材料。这种燕窝因为量少而价高，所以总是被人类盯上，惨遭掠夺。

小档案

犀鸟长相奇特，脑袋大，脖子细，翅膀宽，尾巴长。嘴巴很有特点，其长度就占了身长的三分之一甚至一半，一双大眼睛长有粗长的睫毛。犀鸟最古怪的地方是头，头上突出一块，叫作“盔突”，看上去像头盔，又像犀牛的角，这也是它名字的由来。

奇特的大嘴

犀鸟的大嘴和盔突看上去很笨重，其实非常轻巧，能轻而易举地剥开浆果，能轻巧自如地修建巢穴，更能得心应手地捕食老鼠、昆虫。另外，它的大嘴和盔突是中空的，里面充满了空气，这样能够减轻重量。

长寿的鸟儿

犀鸟主要生活在非洲及亚洲南部的热带雨林中，以树上的空洞为巢。它们漂亮而珍贵，寿命也比较长，一般在 30 ~ 40 岁左右，最高寿的可达 50 岁。

犀鸟喜欢啄食树上的果实，有时也捕食昆虫、爬行类、两栖类等小型的动物。

鲜明的个性

犀鸟的身体比较大，飞行的速度也比较慢，飞翔时翅膀发出极大的声响，就像飞机从天上飞过一样。当它停落在树顶上时，会不时地发出响亮的叫声，连续不断，如同马嘶一般，能传出很远。

细心的父母

犀鸟对“生儿育女”非常讲究，先选一个树干上的洞穴做巢，然后在洞底垫上腐朽的木头，再铺上柔软的羽毛。

为了不被敌人发现，犀鸟爸爸将泥土、树枝、草叶和着唾液把树洞封起来，仅留下一个能使犀鸟妈妈伸出嘴尖的小洞。这样，犀鸟妈妈和犀鸟宝宝们就不用怕蛇、猴子等来伤害了。

像老鼠的鸟儿：鼠鸟

名字的由来

鼠鸟和老鼠有关系吗？乍一看，根本无法把它和老鼠联想到一起。可当它在灌木丛中活动时，就会觉得它和老鼠太像了，再加上它羽毛的质感和鼠毛很像，因此把它称作“鼠鸟”。

小档案

在广袤的非洲大陆，生活着一群别的大陆所没有的鸟儿，那就是鼠鸟。鼠鸟的体形较小，有些像麻雀，又有些像蜂鸟。鼠鸟的尾巴长而下垂，脑袋上有羽冠。

调皮的鼠鸟

鼠鸟生性活泼，喜欢群居生活，休息时爱挤在一起。它们玩起来也很调皮，常常像杂技演员一样悬挂在树枝上，有时甚至把双腿悬挂在不同的树枝上，身体晃来晃去；有时又会像鹦鹉那样，用脚趾抓住树枝，在树上跳来跳去。

有趣的鼠鸟

鼠鸟身上的羽毛是淡灰色或灰褐色的，很像鼠毛的颜色；头上有羽冠，毛茸茸的。它的颈部呈浅蓝色，眼睛周围有红色或蓝色的皮肤。鼠鸟的巢非常特别，是一个呈杯形的草巢，由枝条构成的平台支撑着，温暖舒适。

美丽的鸟儿

凤尾绿咬鹃的羽毛是鲜艳的铜绿色和红色，绿的像翡翠，红的像火焰，雄鸟身后还拖着长长的尾羽，是热带丛林中最美丽的风景线。

小档案

凤尾绿咬鹃是咬鹃中体形最大的，体长约40厘米，另外还有长长的尾羽。体重约为200克。脚趾与其他鸟类有点不一样，1、2趾向后，3、4趾向前，为异趾形。

独特的生活习性

凤尾绿咬鹃生活在热带丛林中，大多是原始潮湿的山地云雾林，茂密植被的沟壑和悬崖，森林边缘以及牧场里。它以植物的果实为食，也吃昆虫。凤尾绿咬鹃会把植物的整颗果实咽下去，再用反刍的方式把果核吐出，这种做法间接帮助了种子的传播。

繁殖方式

凤尾绿咬鹃的繁殖期在每年的2月至7月，雄性为了吸引雌性，会进行求偶之舞，在空中跳跃，大声唱歌。雌雄共同筑巢，通常营巢于距地面20米～30米高的树洞中，偶尔也选择啄木鸟的老洞。然后，雌鸟产下1枚至2枚淡蓝色的鸟蛋。

自由的象征

凤尾绿咬鹃从未被人类长时间喂养过，总是在被捕捉到之后一段时间内死去。出于这个原因，人们把它看作是自由的象征。凤尾绿咬鹃是危地马拉的国鸟，在危地马拉的国旗与国徽上都有它的身影。不过，现在凤尾绿咬鹃的数量也很少，已经濒临灭绝了。

神圣的地位

在古代玛雅和阿兹特克文化中，凤尾绿咬鹃象征着天国与灵魂。因此当时严禁捕杀凤尾绿咬鹃，违者会被处以极刑。在玛雅人和阿兹特克人的社会中，凤尾绿咬鹃那亮绿的尾羽比黄金还珍贵，享有神圣的地位，只有国王和高级祭师才享有佩戴的权利。

第六章

陆地上的七彩霞光

上天没有给它们一对善于飞翔的翅膀，但是为它们打开了另一扇门窗，神奇的自然赋予了它们一身美丽的衣裳，它们是陆地上的最美丽的精灵，尽情绽放着自己的魅力。

绚丽的长尾巴：长尾雉

主要分类

在世界范围内，长尾雉共有5种：白颈长尾雉、黑颈长尾雉、白冠长尾雉、黑长尾雉、铜长尾雉。它们喜欢生活在高山地区的稀疏阔叶林中，以松、柏的果实为食。

小档案

长尾雉看上去像野鸡，因此它又叫“长尾野鸡”。不同的是，长尾雉的尾羽极长，雄鸟的尾羽有1米多长，而且色彩绚丽。主要分布在中国，在东南亚及日本也有少量分布。

技术高超的“杂技演员”

长尾雉有一种特殊的飞行本领。当它们由一棵树飞向另一棵树并准备降落时，会骤然停住身体，利用长长的尾巴控制身体平衡，然后身体向后一转，就能平稳地落在树枝上，而且羽毛丝毫不受损伤，就像是一位技术高超的杂技演员。

求偶期间性情突变

长尾雉平时性格比较温和，但是在求偶期间就不会了，斗殴的事常有发生。雄雉又长又绚丽的尾羽是求得心仪的雌雉的砝码。当一群长尾雉中雄雉多于雌雉时，格斗就不可避免。这时候，雄雉的嘴里会发出尖厉的叫声，并不停地啄击“情敌”，争取胜利。

白冠长尾雉

白冠长尾雉是中国特有的鸟种，18世纪曾输出到欧美。据记载，历史上白冠长尾雉广泛分布于中国的河北、甘肃、陕西及西南、华南等地，是一种分布区域较宽的地方性留鸟。但是现在由于各种原因，它们的数量逐渐减少，已被列为国家二级保护动物。

京剧里的妙用

如果你在大自然中看不到长尾雉美妙的身姿，可以观察京剧武将演员头盔上的那两根彩羽，那正是长尾雉身上最长、最漂亮的两根羽毛。

高山上的彩虹：虹雉

分布范围

虹雉主要分布在中国的西藏喜马拉雅山脉、云南西北部、四川西部、甘肃南部等地，共有绿尾虹雉、棕尾虹雉、白尾梢虹雉三种。它们栖息于海拔三四千米的灌丛、草甸及裸岩处。

小档案

虹雉的羽毛有着金属般的光泽，青铜色的、红铜色的、蓝绿色的、紫铜色的等，像一块色彩齐全的调色板，又像雨后彩虹，所以才得到这样的美名——虹雉。

生存环境

虹雉的家在终年被云雾笼罩的高山地区，那里自然条件非常恶劣，整个夏季几乎处在阴凉的细雨中，即使是晴天也常常是白云缭绕，冬天则到处是皑皑白雪，因此只有春天才值得期盼。也许是感觉环境太沉闷，色彩太单调，虹雉才生出这么色彩缤纷的羽毛来。

挑剔的虹雉

虹雉是典型的植食性鸟类，而且只吃植物的根、地下茎、球茎等生长在地下的部分。它钩形的嘴粗壮有力，是为了方便刨食而生的。在虹雉家族中，有一种绿尾虹雉，它们非常喜欢吃贝母的球茎，因此人们给它们取了个名字——贝母鸡。

繁殖和现状

每年的三四月，虹雉就开始繁殖，它把巢建在陡峭的岩洞中，这样就不会轻易受到敌人的袭击。然后，它就在巢里生下3枚到5枚的黄褐色的卵，上面还有大小不同的紫褐色斑。不过，由于人类的捕杀和栖息地被破坏，虹雉的数量正日益减少！

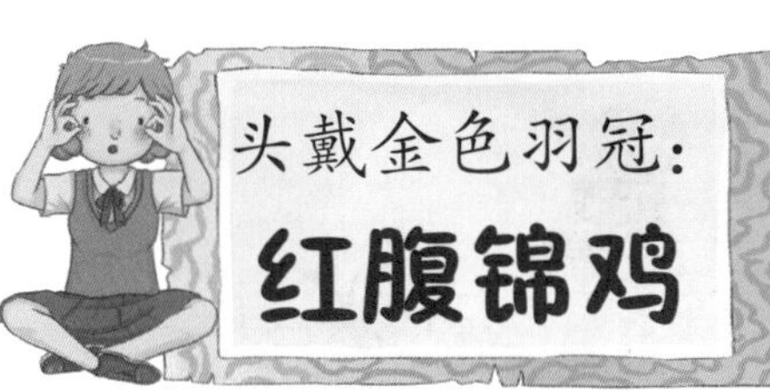

头戴金色羽冠：红腹锦鸡

小档案

红腹锦鸡又叫“金鸡”，雄鸡体形较小但修长，头顶有金黄色的羽冠，脖子上披着彩色“披肩”，身体下半部分都是红彤彤的。翅膀是金属的蓝色，尾长而弯曲，中央尾羽近黑而具黄色点斑，其余部位黄褐色。雌鸡体形较小，为黄褐色，上体密布黑色带斑，下体淡黄色。主要分布在中国中部的山地灌木丛中。

雄鸡在求偶时最美

雄鸡向雌鸡求爱时最好看。那时雄鸡身上华丽的羽毛会向外蓬松，彩色的肩羽会盖住头部，像展开的折扇。靠近雌鸡的翅膀稍稍压低，另一侧的翅膀翘起。这样，翅膀、背上和腰上的彩羽都展现在雌鸡面前。雄鸡的尾巴也会向雌鸡倾斜过去，双眼向雌鸡脉脉传情。这时，雌鸡已被雄鸡的绚丽羽毛和一系列炫耀动作搞得眼花缭乱。

它们的食物

红腹锦鸡是杂食性的鸟儿，以植物为主，主要取食蕨类植物、豆科植物、草籽亦取食麦叶、大豆等作物。同时，它也会吃各种昆虫和小型无脊椎动物。在吃东西的时候，红腹锦鸡会用它那强健的嘴直接啄食或用脚在地表抓扒后再用嘴啄取。

白腹锦鸡

白腹锦鸡是中国特有的鸟类。它们的体形和红腹锦鸡差不多，只是身上羽毛的颜色不同，如它们脑袋上有鲜红色的羽冠，腹部是白色。

高贵的鸟儿

在古代，与官阶相对应的是服饰的区别。清代一品文官补服上绣的是丹顶鹤，二品文官是锦鸡，三品文官才是孔雀……

小档案

孔雀是鸟类中的王者，主要生活东南亚、东印度群岛和印度等地区。头上有美丽的羽冠，还有长长的尾巴，尾巴展开后像把彩扇，上面布满了五彩花纹（白孔雀除外）。

百鸟之王

漂亮的身姿让孔雀在鸟类中独占鳌头，成为人类眼中吉祥、美丽、华贵的象征。当然，尾屏只有雄鸟才有，雌鸟不仅没有尾屏，身上的羽毛也没那么艳丽。

脾气暴躁

我们经常在动物园里看到孔雀。作为世界著名的观赏鸟，孔雀到哪里都是主角。不过，孔雀的脾气很暴躁，如果有其他鸟类靠近它，它就会毫不犹豫地攻击它。所以，孔雀总是“占地为王”。

孔雀开屏的季节

春季，孔雀开屏次数最多，这是为什么呢？孔雀开屏和季节有关吗？

大家知道，能开屏的都是雄孔雀。春天是孔雀产卵繁殖的季节，这时候，雄孔雀会展开它那五彩缤纷、色彩艳丽的尾屏，还会不停地做出各种各样优美的舞蹈动作，用来吸引雌孔雀。

鸟中的“巨人”

绿孔雀是鸟类中的“巨人”之一，它的体长有1米～2米，体重一般为6千克，所以在中国云南泸水，绿孔雀被称为“6公斤”，体重较大的有7千克。绿孔雀的雄鸟和雌鸟体羽大体相似，但雌鸟没有尾屏。

蓝孔雀的变种

白孔雀全身洁白无瑕，羽毛无杂色，眼睛呈淡红色。开屏时，它就像一位美丽端庄的少女，穿着一件雪白高贵的婚纱。黑孔雀颜色暗淡，极具神秘感。但事实上，这两种孔雀都是蓝孔雀的变异品种。

感恩节的象征：火鸡

小档案

火鸡是一种大型鸟类。黑色的羽毛带着青铜色和绿色的光泽，不过有些火鸡是通体雪白的。头部裸露，有皮瘤，一般情况下呈鲜红色。

节日不可少

火鸡的体形比一般的鸡要大，体重可达10千克以上，走起路来显得雄赳赳、气昂昂的。根据传统，美国人会在感恩节及圣诞节烹调火鸡，这一传统已经延续了近400年。

喜好安静

火鸡对周围环境的刺激比较敏感，当受到惊吓时，它就会竖起羽毛，头面部颜色变得五彩缤纷。因此，饲养火鸡时，应选择安静的环境。雄火鸡非常好斗，但并不做殊死搏斗，只要一方屈服逃避，争斗即停止。

美味佳肴

美国人烹制火鸡时，常在火鸡的腹内填上各种食材，然后放入烤箱内烘烤。火鸡不仅味美，口感好，而且营养丰富，具有“一高二低”的优点，即蛋白质含量高，脂肪低和胆固醇低，并含有丰富的铁、锌、磷、钾及维生素B。

飞行能力强

火鸡喜欢群居生活，性情温顺，行动迟缓。以植物的茎、叶、种子和果实等为食，也吃昆虫等，偶尔也吃蛙和蜥蜴。虽然火鸡身体庞大，但是飞翔力较强，能飞 500 米～2000 米的距离。

与人类的联系

火鸡是北美洲特有的动物，早在几千年前，印第安人就开始饲养火鸡了，并用它的羽毛装饰衣服和帽子。

欧洲人很喜欢吃烤鹅，但当他们来到北美后，因为当地没有鹅，只能吃火鸡了。接着，他们发现火鸡竟然比鹅还好吃。于是，火鸡就成了他们的大菜，成为了重要节日中必不可少的食物。

第七章

善于奔跑的鸟类

历经千万年的演化，很多鸟儿已经失去了长途飞翔的能力，或者已经完全不能飞了，但是不要小看它们——它们仍旧有自己的本领，在地上奔跑如飞。

新西兰的国鸟：几维鸟

小档案

小小的身体，又长又尖的嘴，这就是几维鸟。几维鸟的名字很特别，是根据它独特的叫声“几维”来命名的。几维鸟虽然是鸟，但翅膀退化了，无法飞行。

新西兰的国鸟

几维鸟是新西兰特有的珍禽，也是新西兰的国鸟及象征。在新西兰人的生活中，“几维”触目皆是，有银行的名字叫“几维”的，新西兰钱币上也有几维鸟的形象。

奔跑高手

几维鸟浑身长着蓬松细密的羽毛，既没有翅膀也没有尾羽。可是它的双腿粗短有力，善于奔跑，时速可达16千米，发起脾气来还能将另一只同类鸟踢出1米多远。几维鸟的寿命可达30年，算是很长寿的鸟类。

胆小的几维鸟

几维鸟的胆子小，很容易受到惊吓。几维鸟居住在洞穴里，建好巢穴后要过几个星期才使用，这是为了让植物重新长出来，便于伪装。几维鸟白天不离开巢穴，一般在夜间出来。

巨大的蛋

一般来说，雌鸟要一年才下一次蛋，每次1～2个。虽然几维鸟的个头不大，蛋却大得惊人——比一般的鸡蛋大5倍，相当于雌鸟自身体重的四分之一，甚至三分之一。如果按照鸟蛋和雌鸟重量比例计算，几维鸟的蛋无疑是鸟类中最大的。

近视的几维鸟

几维鸟的视力不太好，曾经发生过走着走着就撞上篱笆的趣事，不过这并不影响它捕捉猎物。寻觅猎物时，几维鸟用嘴巴灵活地刺探。它的嗅觉非常灵敏，因为鼻孔就在嘴巴的前端，能嗅出虫子的位置，哪怕虫子在地下十几厘米深的地方。

世界上最大的鸟：鸵鸟

小档案

鸵鸟是世界上现存最大的鸟。雄鸟高达 2.5 米，重达 150 多千克，雌鸟比雄鸟小一些。雄鸟有黑色体羽，白色的尾羽，是非常有价值的装饰羽毛。一般都是雄鸟带领几只雌鸟群居，生活在非洲沙漠地带和荒漠草原。

奔走健将

虽然鸵鸟完全不会飞行，但它是陆地上跑得最快的长跑动物，可以不停地以每小时 60 千米、最高时速甚至超过每小时 70 千米的速度奔跑。

不能飞行

虽然鸵鸟的翅膀很大，但它已经失去了飞行的能力。另外，它们的胸骨扁平，没有龙骨突，而且羽毛蓬松，缺少功能分化的羽毛。所以，它已经远离了天空。

鸵鸟是体形最大的鸟类，鸵鸟蛋也是最大的鸟蛋，而且蛋壳非常坚硬，可以承受很大的重量。

善于奔跑的原因

在所有走禽类中，鸵鸟拥有相对其身体最长的腿，并拥有最长的奔跑步幅长度——每步约5米。此外，它腿部的肌肉集中在大腿骨和髋骨的较高位置上，而腿上较低的摆动部分则比较轻盈。鸵鸟的关节稳固，具有超强的耐力。

生活习性

鸵鸟过着游牧般的群居生活，一般有5～50只，而在它旁边，常常伴有其他迷人的动物，如斑马、羚羊等。鸵鸟可以长时间不喝水，因为它能摄取植物中那些微量的水分。

时刻警惕着

鸵鸟能适应沙漠的生活。在那里，食物稀少且分散，这就要求鸵鸟有高效率的取食技巧。由于鸵鸟啄食时必须将头低下，很容易遭受掠食者的攻击，所以你会发现，它在啄食时会不时抬起头来四处张望。当然，它的视力非常好，能发现很远处的狮子。

山寨版鸵鸟：鸸鹋

小档案

在广阔的澳大利亚生存着许多古老的生物，鸸鹋（ér miáo）就是其中之一。乍一看，它们就是“山寨版”的鸵鸟。鸸鹋体形很大，仅次于鸵鸟；羽毛呈灰色、黑色或褐色；头和脚都裸露在外。

澳大利亚的象征

鸸鹋是澳大利亚的特有鸟类，深受澳大利亚人的欢迎，他们把鸸鹋和袋鼠的形象一起放在国徽上，成为了澳大利亚的象征。鸸鹋的翅膀已经退化了，所以不会飞行，但是擅长奔跑。

擅长奔跑

你们别因为鸸鹋的庞大身躯就担心它们行动不便，恰恰相反，它们的腿非常强健，奔跑速度丝毫不逊色于鸵鸟。更厉害的是，它们能长距离奔跑。而且，它们不用担心途中会遇到河流，因为它们能泅水，可以从容地渡过宽阔湍急的河流。

鸸鹋战争

19 世纪 30 年代，澳大利亚爆发了一场可笑的“战争”。有人说鸸鹋组成了两万大军，要踏毁农场。于是，皇家炮兵部队调兵遣将，荷枪实弹地向它们进攻。士兵们先把鸸鹋赶进铁丝网围成的包围圈，然后再用机枪扫射。可最后，只有十几个鸸鹋被打死，其他的都逃跑了。

独一无二的蛋

鸸鹋的蛋每枚重约 450 克，不但营养丰富，而且墨绿色的蛋壳在自然界中也是独一无二的。蛋壳一般有三层颜色：墨绿、天蓝和白色，色泽美观。在上面进行绘画或者雕刻出来的工艺品，具有很高的收藏价值。

友善的鸸鹋

鸸鹋很友善，只要不激怒它们，它们就不会攻击人。鸸鹋对食物也不讲究，在野生动物保护区内，它们喜欢吃游客喂的面包、香肠及饼干等。当有汽车在公路边停下时，它们不仅不会戒备，反而会大摇大摆地踱步而来，争抢着把头伸进车窗，一是对人们表示亲近，二是希望人们给点好东西吃。

第八章

大自然的歌手

很多鸟儿是天生的歌者，它们不知疲倦地用轻快而舒畅的曲调，高唱一首又一首的赞歌，为大自然增添了浓厚的情意。

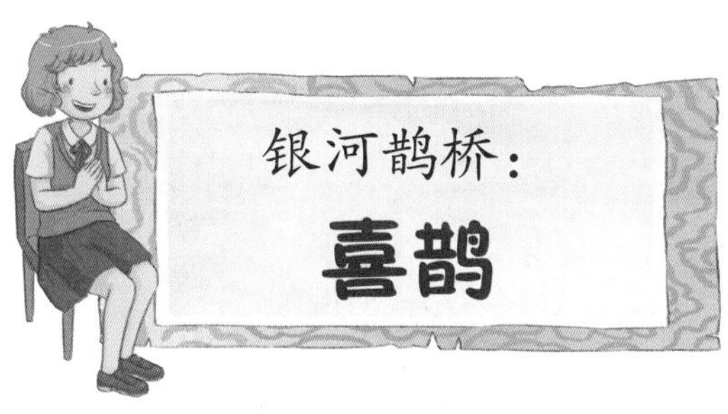

银河鹊桥：喜鹊

小档案

喜鹊体长 40 厘米 ~ 50 厘米，雌鸟和雄鸟的羽毛颜色相像，头、颈、背至尾都是黑色，并自前往后分别呈现紫色、绿蓝色、绿色等光泽，双翅黑色而在翼肩有一大形白斑，尾远较翅长，嘴、腿、脚纯黑色，腹部为白色。

广泛分布

喜鹊广泛分布在北半球上，欧洲、亚洲大部地区都可以见到它们，在非洲北部和北美洲西部也可以见到。当然，在中国，它们也是最常见的鸟类之一。

性情凶猛好斗

喜鹊性情凶猛，甚至敢去围攻驱赶猛禽。它们的生存能力极强，什么都吃，不仅偷食家禽幼崽和捕捉小鸟，还是松鼠幼崽的天敌。喜鹊的领地意识非常强，会驱逐任何来犯之敌。大型猛禽若惹怒了它们，它们还会群起攻之。

拥有好人缘的喜鹊

喜鹊是益鸟，能帮助人类捕捉害虫，还唱歌给人们听。渐渐地，喜鹊就有了好人缘。

喜鹊和人类走得很近，有时把巢筑在民宅上。民间流传着这样一种说法："喜鹊到，喜来到。"因为人们认为谁家有喜鹊筑巢，谁家在不久的将来就有喜事降临。

银河鹊桥

大家都听说过牛郎织女鹊桥相会的故事吧？传说每年七夕，喜鹊都会飞上天河，搭起一座鹊桥，帮助分离了很久的牛郎和织女相会。因此，喜鹊就成了喜事的象征。

毁誉参半的喜鹊

喜鹊和民间的文化有很多关联。比如，人们常用“鹊登高枝”来祝福一个人节节高升或出人头地；用“声名鹊起”来形容一个人的知名度迅速提高。

当然，也有不好的说法，比如“翘尾巴”。喜鹊落到树枝上的时候，都会翘一下尾巴保持身体的平衡，人类通常用“翘尾巴”来形容一个人骄傲自满。

天生好歌喉

因为外形漂亮，再加上一副天生的好歌喉，所以黄鹂成为了人类经常吟咏的对象。“金堤柳色黄于酒，枝上黄鹂娇胜柳”等美妙的诗句正是形容它们的。

小档案

黄鹂是广受人们喜爱的鸟类之一，它们生活在温带和热带地区的阔叶林中。黄鹂的羽毛大部分呈鲜黄色，但雌鸟和幼鸟的体色偏绿，而羽翼、尾巴、眼睛周围有亮黑色分布。

大自然的歌唱家

黄鹂是“大自然的歌唱家”，歌声清脆嘹亮、富有韵律。它们的胆子很小，平时不会出现在树枝上，人类只能根据它们的歌声来判断它们的位置。也因为如此，人们把它们比成妙龄少女，把少女的声音称为“莺声燕语”，其中的“莺”就是黄鹂。

生活习性

在黄鹂的家族中，大多数都是留鸟，只有少数成员有迁徙行为，而且迁徙时都是不成群的。黄鹂栖息在平原至低山的森林地带或村落附近的高大乔木上，在枝间穿飞觅食昆虫、浆果等，很少到地面活动，是有名的益鸟。

精巧的编织艺术

自古以来，黄鹂就深受人们的欢迎。据记载，南朝时的戴墉最爱听莺，春天他常“携双柑斗酒”出游，问他去哪里？他回答说：“往听黄鹂声”。杜甫也爱莺声，他写道：“哑咤人家小女儿，半啼半歇隔花枝。”他把花枝后面的黄鹂比成少女的歌声。

古人最爱

筑巢是黄鹂最花心思的一件事情。为了使巢穴经得起风雨，它们会把它筑成摇篮状。为了住得舒适，它们还会在巢穴里铺垫干草、枯枝、竹叶、草茎等。有些“豪华”的巢穴还铺有兽毛、草穗、松针。这么精心营造巢穴，恐怕只有黄鹂能做到吧！

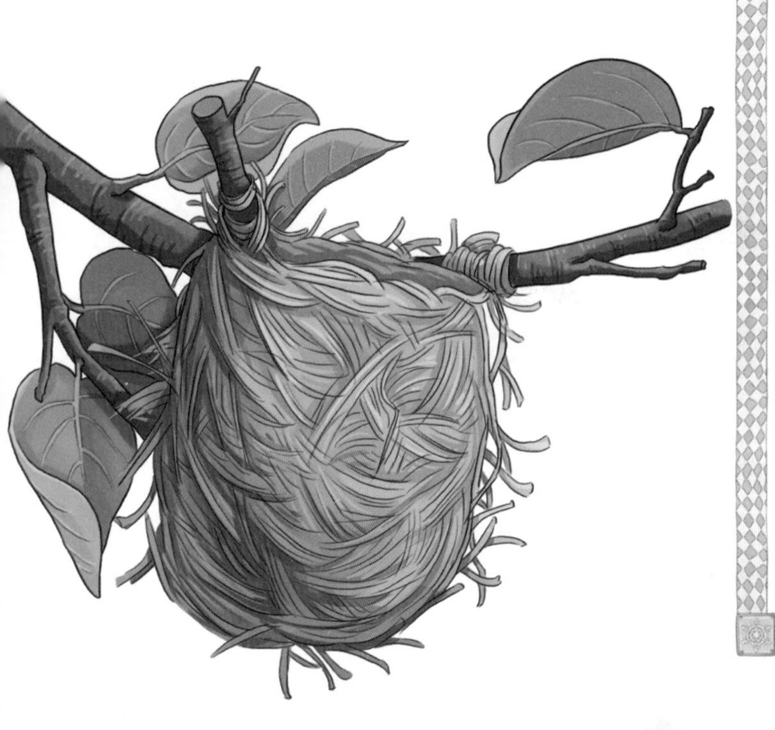

长眉毛的鸟：画眉

名字由来

画眉和眉毛有关吗？当然。仔细一看你就会发现，画眉眼睛上方有一道清晰的白色羽毛向后延伸，形成眉纹，像极了人类的眉毛。黄眉的辨识度之所以最高，就是因为这条眉纹。

小档案

画眉的体形较小，体长约22厘米，全身披着棕褐色的羽毛，主要分布在中国长江以南的西南、华中至东南、台湾、海南岛等地，是中国常见的鸣禽。

我的地盘我做主

别看画眉体态小巧，但它们的脾气很大，特别是雄鸟，凶狠好斗。人们把画眉捉来加以训练，用来观赏斗鸟，从中寻找乐趣。

但是，新捕来的画眉野性十足，乱扑乱撞，很难驯服。而且两只雄鸟不能同笼饲养，否则它们会斗红眼。

中国特产鸟类

画眉是中国的特产鸟类。它们叫声悠扬婉转，又能模仿其他鸟类鸣叫，历来就是观赏鸟，被誉为“鹛类之王”而驰名中外。因此，很多人都来捕捉它们，而且还大量出口到国外，致使它们的数量越来越少了。

叫声吉祥

画眉是杂食性动物，喜欢在灌丛中穿飞和栖息，常在林下的草丛中觅食，并不擅长远距离飞翔。雄鸟在繁殖期极善鸣啭，声音十分宏亮，尾音略似“mo-gi-yiu”，因而古人称其叫声为“如意如意”。

叫声里的含义

画眉的声音洪亮，婉转动听，更吸引人的是它们能模仿多种鸟的叫声，还能模仿猫、狗的叫声以及笛声等各种声音。

如果画眉发出“哇哇哇”的叫声，便是在提醒同类“有危险，快点藏起来”；如果它们发出“啾啾啾”的声音，则说明它们很害怕；如果它们发出“咕咕咕”的声音并在原地转圈，那是它们在提醒来犯者“这地方是我的，别靠近”。

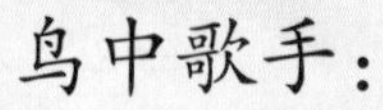

鸟中歌手：百灵

小档案

百灵的体形较小，最大的也才20厘米左右，羽毛呈褐色或栗色，栗红色的额头是雄性百灵鸟的特点，头部和后颈也拥有和额头一样的颜色。

边飞边唱

百灵喜欢在广袤无垠的草原上飞翔。在那里，白云飘飘，绿草茵茵，无边无际；在那里，你能听到此起彼伏的歌声，那是它们的情歌，是连音乐家都难以谱写出的动听“乐曲”。

性格各异的百灵鸟

百灵家族有很多种类，最常见的有云雀、沙百灵、角百灵、斑百灵、凤头百灵等。虽然同为百灵，它们性格却相差很大。沙百灵和云雀喜欢悬空鸣唱；角百灵行踪诡秘，喜欢在地上奔跑；凤头百灵生性大方，喜欢在道路上觅食，也不怕来往的人类。

模仿能力高超

除了会唱歌，百灵还会模仿其他动物的叫声，比如燕子、黄莺、麻雀、画眉等，还会学母鸡的咯咯声、鸭子的嘎嘎声、狗的汪汪声，甚至还会学婴儿的啼哭，等等。

鸟中歌手

百灵穿着很朴素，但这并不影响它们唱出美妙的歌。百灵唱歌可不像其他鸟儿那样，只是单调发声，它们能把许多音节串联成章，有“鸟中歌手”之称。

大草原上树木稀少，百灵不能在枝头跳跃。于是它们就一路高歌，凌空直上，插入云霄。美妙的歌声萦绕在大草原上空，仿佛那里就是天堂。

东方的蜂鸟：

太阳鸟

小档案

太阳鸟体形纤细，小的只有8厘米长，大的也就15厘米左右；嘴巴细长而下弯，嘴喙前端具细小的锯齿；舌头呈管状，尖端还分了叉；雄鸟中央尾羽特别长。它们主要生活在亚洲南部、菲律宾群岛和印度尼西亚。

东方蜂鸟

太阳鸟以吸食花蜜为生，偶尔也会吃一些小甲虫和蜘蛛。它们和蜂鸟有着相似的体形和食性，所以又被称为“东方蜂鸟”。不同的是，太阳鸟停在花梗上吸食花蜜，而蜂鸟是悬在空中进食。太阳鸟还是带翅膀的“月下老人”，经常为植物传播花粉。

名字来由

太阳鸟和太阳有关系吗？如果你见到它们，一定会恍然大悟。每当太阳初升、霞光映照，或者雨过天晴、万里无云的时候，太阳鸟就会和蝴蝶、蜜蜂等昆虫在万紫千红的百花丛中飞舞。它们身上鲜艳的羽衣闪现着红、黄、蓝、绿等耀眼的光泽，异常夺目。

叉尾太阳鸟

叉尾太阳鸟经常被人误认为是蜂鸟，因为它们经常悬在空中采食花蜜。叉尾太阳鸟只有八九厘米长，雌鸟上体橄榄色，下体浅绿黄色；但是雄鸟相当鲜艳，身披五色羽毛，嘴细长弯呈管状，扇动翅膀悬在空中吮吸食物，分外有趣。

来自天堂的神鸟

太阳鸟的外形美丽，歌声动人，似乎永远充满快乐，以至于人们认为它们是从天堂来的神鸟，对它们充满敬畏。

但也因为美丽，惨遭一些不怀好意的人的毒手。大约500年前，西欧的妇女流行将太阳鸟的羽毛作为帽饰，这导致太阳鸟数量急剧下降。

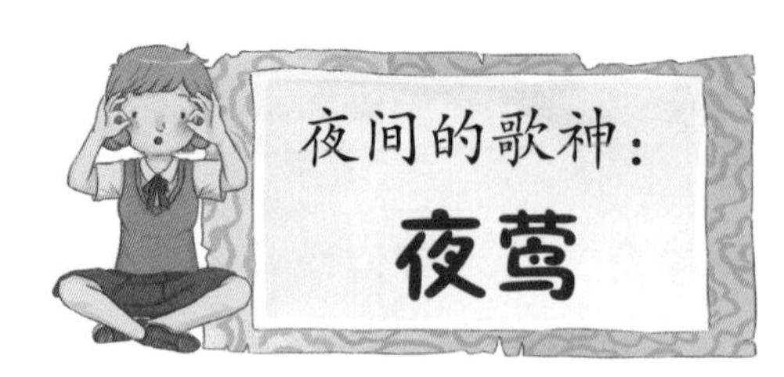

夜间的歌神：夜莺

小档案

夜莺体态玲珑，大小如麻雀；羽毛呈赤褐色，肚子上的羽毛颜色由浅黄到白色。夜莺是一种迁徙的食虫鸟类，生活在欧洲和亚洲的森林。它们在低的树丛里筑巢，冬天迁徙到非洲南部。

美丽的歌喉

你听过夜莺的歌声吗？它们的歌声清脆婉转，娓娓动听，深受人们的喜爱，它们宽广的音域连人类的歌唱家都羡慕不已。它们喜欢在夜间唱歌，所以被称作“夜莺”。

伊朗的国鸟

在古老的波斯文化中，玫瑰和夜莺是两个美丽的意象。传说，当玫瑰花开的时候，夜莺就开始歌唱，向玫瑰倾诉爱意，直到力竭声嘶，最后倒毙于花枝下。正因为如此，伊朗将夜莺定为国鸟，象征着美好的愿望以及对自由的追求。

夜莺不是夜鹰

有人认为夜莺其实是夜鹰，可能是因为夜鹰也在夜间鸣叫的缘故。

其实这是一种误解。夜鹰是另外一种鸟，喜欢白天休息夜间活动，喜欢吃蚊虫和金龟子，是人类的好伙伴。它有着非凡的捕食本领，能在草丛中迅速穿梭，张开大嘴捕食。

生性谨慎

夜莺在河谷、河漫滩稀疏的落叶林和混交林、灌木丛或园圃间生活，生性小心谨慎，常常隐匿在矮灌丛或树木的低枝间，通常离地面不超过2米。它们喜欢在地面不停跳动，两翼轻弹，尾半耸起，且往两侧弹。

美丽传说

夜莺在希腊神话中经常被提及，并扮演着一个哀婉的角色。传说潘特柔斯之女埃冬是底比斯国王泽托斯的妻子，他们有一个女儿叫“埃苔露丝”。有一次埃冬不幸失手杀死了女儿埃苔露丝，从此她陷入了无尽的悲哀和自责中。神明出于怜悯就把埃冬变成了夜莺，从此夜莺每天晚上都要悲鸣以表达对女儿的哀思。

第九章

身怀绝技的高手

在自然界中，很多鸟儿有自己独到的本领，有些鸟儿滑翔能力超强，可以几个小时都不扇动翅膀；有些鸟儿心灵嘴巧，能将树叶缝合起来作为自己的巢……

飞鸟之王：信天翁

小档案

信天翁是大型海鸟，在世界上各大洋都有分布。它们的体形较大，身长一般超过 1 米，身上的羽毛以黑、白、灰或暗褐色为主。

长长的翅膀

信天翁是拥有世界上最长翅膀的鸟类之一，双翅展开长 3 米左右。长长的翅膀能让它们在大海上长时间飞翔，不管它们离陆地有多远，它们都不怕旅途劳累、迷失方向。

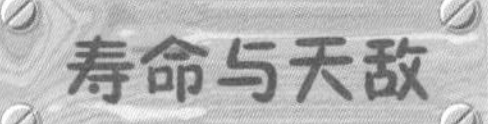

信天翁的寿命可达60年，但它们繁殖的速度非常缓慢，这使它们有灭绝的危险。除此之外，每年有超过10万只信天翁死于人类用于捕捞金枪鱼的带有诱饵钩子的绳索。

它们才不是呆鸟

信天翁是很温顺的鸟类，从来不袭击人类，可是常常被人类误认为是“笨鸟”。他们认为信天翁身体笨重，就连起飞都需要助跑或者从悬崖边缘起飞。

但是一旦飞向天空，你就能看到信天翁矫健的身影，那巨大的翅膀能帮助它们在天空中飞翔几个小时而不用拍动，有谁能有它们这样的本领呢？

飞鸟之王

漂泊信天翁是南极地区最大的飞鸟，被称为“飞鸟之王”。它身披洁白的羽毛，身体呈流线型，日行千里是家常便饭，连飞数日也丝毫不累。它还是滑翔的能手，可以连续几小时不扇动翅膀，仅凭借气流翱翔于天际。

生死未卜的命运

过去，水手将信天翁视为葬身大海的水手的亡灵，他们深信，杀死一只信天翁会招来横祸。即便如此，19世纪许多水手仍然热衷于捕杀信天翁，用来改善他们在长途旅行中单调乏味的饮食。这真是自私的举动！

高智商的鸟：乌鸦

小档案

乌鸦体形中等，体长40多厘米；它们的羽毛大多黑色或黑白两色，黑羽具紫蓝色金属光泽；翅膀长于尾巴；嘴、腿及脚纯黑色；鼻孔距前额约为嘴长的三分之一。

名声不好

因为乌鸦的形象不美，叫声不雅，所以在人类的观念中，它们一直扮演着相对消极的角色。譬如有人早上出门，要是第一眼看到乌鸦，尤其是听到乌鸦的叫声，就会担心不吉利；要是有人说些担忧的话，就会被人讥讽为“乌鸦嘴”。

乌鸦的美德

事实上，乌鸦是一种有美德的鸟儿。据记载，乌鸦有反哺的美德。当乌鸦年纪大了、病了，无法觅食的时候，小乌鸦不但会替父母觅食，还会把食物弄得很可口，像哺育子女一样喂养父母。

高智商的动物

乌鸦的智商很高，有关其聪明的故事流传最广的莫过于“乌鸦喝水”了。当然，这样的故事还有许多，比如它会将大块的、无法一次性携带的牛油分割成小块再带走；它能将散落的饼干一块块叠在一起一次性运走。为了误导敌人，它还会制造一个假的储存食物的地方。

聪明的乌鸦

在日本就发生过这样一件事。日本的某个十字路口旁边经常有乌鸦聚集，红灯亮时，乌鸦飞到路中间，把胡桃放在车轮前面。等红灯转为绿灯时，汽车开动，车轮会把胡桃碾碎，下一次红灯亮时，它们就能享受美食了。

小档案

在非洲大地上，有一种极受人们欢迎的小鸟，它们比麻雀稍大一些，善于发现蜂巢，这就是向蜜鸟。

向蜜鸟的背羽呈黄褐色，腹部呈白色，最感兴趣的食物是蜂蜡和野蜂幼虫。它们的力气非常小，根本不可能将蜂巢弄碎。这可难不倒它们，因为它们会找蜜獾（huān）来帮忙。

聪明的我们

蜜獾爱吃蜂蜜，而且不怕被蜜蜂蜇，所以向蜜鸟就想办法让它来摘蜂巢。一旦发现蜂巢，向蜜鸟便找到蜜獾，把它带到蜂巢前，而向蜜鸟就待在一旁看蜜獾捣毁蜂巢。等蜜獾吃完蜂蜜后，蜂巢里留下的蜂蜡和幼蜂就是向蜜鸟的大餐了。

广泛合作

除了蜜獾，向蜜鸟还有其他的合作伙伴，那就是非洲原始部落里的土著人。土著人发现蜜獾和向蜜鸟的秘密后，也利用向蜜鸟做向导去采蜜，并会留一点食物酬谢它们。

会捕鱼的鸟：鹈鹕

小档案

鹈鹕是最大型的游禽之一，体长有1米多，有的翼展宽3米。它们全身长有密而短的羽毛，羽毛为白色、桃红色或浅灰褐色。它们能以超过每小时40千米的速度长距离飞行。

很高的辨识度

在大自然中，鹈鹕的辨识度很高，你一眼就能认出它们，因为它们有张很长的嘴，嘴下面还挂着个“大口袋”，那其实是它们的喉囊，也是它们天然的捕鱼工具。

捕鱼方式

捕鱼是鹈鹕的拿手好戏。平时，它们的喉囊并不显露，一旦要去捕鱼，喉囊就成了一张“渔网”。鹈鹕一边游泳，一边把大口袋探入水中舀鱼。就这样东淘淘，西兜兜，连水带鱼吞到嘴里，再闭上嘴，让水流出去，把鱼留下来吃了。

捕鱼策略

鹈鹕有一双敏锐的眼睛，即使在高空飞翔，在水中活动的鱼儿也逃不过它们的眼睛。一旦发现鱼群，鹈鹕就有组织地排成直线或半圆形进行包抄，并扇动大翅膀把鱼群赶到浅水岸边，再张开大嘴捕捞，鱼儿便落入了它们的大皮囊中。

在人类的驯养下，鹈鹕常常为人类捕鱼。

图书在版编目（CIP）数据

鸟类王国 / 九色麓主编 . -- 南昌 : 二十一世纪出版社集团 , 2017.10
（奇趣百科馆 ; 9）
ISBN 978-7-5568-2884-5

Ⅰ . ①鸟… Ⅱ . ①九… Ⅲ . ①鸟类－少儿读物 Ⅳ . ① Q959.7-49

中国版本图书馆 CIP 数据核字 (2017) 第 170696 号

鸟类王国　　九色麓 主编

出 版 人　张秋林
编辑统筹　方　敏
责任编辑　刘长江
封面设计　李俏丹
出版发行　二十一世纪出版社（江西省南昌市子安路 75 号　330025）
www.21cccc.com　cc21@163.net
印　　刷　江西宏达彩印有限公司
版　　次　2017 年 10 月第 1 版
印　　次　2017 年 10 月第 1 次印刷
开　　本　787mm×1092mm　1/16
印　　数　1-8,000 册
印　　张　9.25
字　　数　90 千字
书　　号　ISBN 978-7-5568-2884-5
定　　价　25.00 元

赣版权登字 –04–2017–686